Jonathan Byron's

DIE WELT IN 60 MINUTEN

NINA MERIAN

KATZEN VERSTEHEN

in 60 Minuten

THIELE VERLAG

Inhalt

Intro

Sie liegt mit halbgeschlossenen Augen neben dem Kaminfeuer, so nah, dass sie sich fast das Fell versengt. Das Feuer knistert und sprüht, und sie zuckt mit einem Ohr, legt sich auf die Seite und genießt die Wärme. Ist das wirklich dieselbe Katze, die noch am Morgen als grauer Schatten durch die silbrige Dämmerung huschte – lautlos, gestaltlos, eins mit der Umgebung, sobald sie sich nicht mehr bewegte? Ist es möglich, dass diese Katze, die hier wohlgenährt, gewärmt, geliebt und verwöhnt den Luxus ihres Heims genießt, und der graue Schatten, der sich im Morgengrauen in Sekundenschnelle auf einen unachtsamen Vogel oder eine dahinhuschende Maus stürzen kann, ein und dasselbe Geschöpf sind?

Auf leisen Pfoten schleicht sich die Katze in das Herz von Kindern und Erwachsenen. Ein rätselvolles Tier mit unergründlichem Blick. Doch wenn man sie versteht, kann es der liebste und zärtlichste Hausgenosse sein. Wie kaum ein anderes Haustier hat sie Herz und Sinn vieler Menschen erobert.

Die Katze ist die geborene Opportunistin, sagen daher manche, und andere finden, dass nicht der Mensch die Katze gezähmt hat, sondern eher umgekehrt. Um so flexibel und anpassungsfähig zu sein, muss die Katze auf jeden Fall eine Intelligenz oder Fähigkeit besitzen, die den meisten Menschen abgeht. Ihr stehen zwei Welten offen, unsere und ihre eigene, über die der Mensch keine Gewalt hat. Und obwohl unsere Welt rapiden Veränderungen unterlegen ist, hat sich die Katze in ihrer Art nicht verändert. Sie bleibt sich treu, sie ändert sich nicht, sie scheint von Grund auf immun gegen die chaotischen Kräfte der sich stetig wandelnden Menschenwelt, die sie umgibt.

Der unabhängige, überlegte Gleichmut der Katze, ihre Ausgeglichenheit – in sich ruhend, aber trotzdem wachsam jeden Vorteil ausnutzend –, ihr mangelnder Ehrgeiz, ihr zärtliches und dabei bedingungsloses Geben, ihr Freisein von Untertänigkeit und Nachahmerei sind Eigenschaften ihrer Natur, für die wir sie bewundern.

Noch immer verbinden wir mit der Katze die Vorstellung eines Archetyps der weiblichen Anmut und Fruchtbarkeit. Kein Tier hat in seiner Geschichte so viel Verehrung und Furcht gefunden, und obwohl sie schon so lange in der Gesellschaft des Menschen lebt, wird sie von allen Tieren, die lange mit den Menschen zusammengelebt haben, vielleicht am wenigsten verstanden.

Kaum war mir der Gedanke gekommen, dieses Buch zu schreiben, da dachte ich auch: Ganz schön arrogant von dir, zu glauben, du wüsstest etwas über ein so mysteriöses und undurchschaubares Wesen wie die Katze! Ermutigt wurde ich jedoch durch zwei Dinge: Erstens zeigten mir meine eigenen Beobachtungen und Studien, wie die subtilen Verhaltensweisen der Katze funktionieren. Zweitens war mir bewusst, dass es unzählige Katzenliebhaberinnen und –liebhaber gibt, und ich war überzeugt, dass sich ihre Beziehung zu diesen Tieren noch vertiefen, auf jeden Fall verbessern ließe, wenn ihnen mehr Informationen über Physiologie, Verhalten und Psychologie der Katze zur Verfügung stünden. Fakten über die Art der Verständigung, ihre Beziehungen untereinander, ihre Sinne und ihre Intelligenz.

Wer mit einer Katze zusammen lebt, dem stellen sich einige wichtige Fragen, auf die er nicht auf Anhieb Antworten findet. Die Katze steht ihm als geheimnisvolles Wesen gegenüber. Warum, so fragt er sich, sind Katzen, verglichen mit Hunden, so distanziert, so schwierig zu »erziehen« und trotzdem manchmal so sensibel und hellwach, dass sie übernatürliche Kräfte zu haben scheinen? Sind sie wirklich domestiziert, und wie passen sie in unsere moderne Welt?

Wie zieht man ein Kätzchen am besten auf, wie bringt man ihm bei, sich in die Gemeinschaft einzufügen? Wie können wir mehr Verständnis für Psyche und Verhalten dieses bemerkenswerten Tieres gewinnen? Je besser wir die Katzen verstehen, desto mehr vertieft sich wohl auch unser Bewusst-

sein und unsere Wertschätzung alles Lebendigen, desto besser lernen wir auch unsere eigene Natur verstehen, die sich in der Katze auf mancherlei Art widerspiegelt. Dieses kleine Buch möchte dazu beitragen, dass unsere Katzen nicht nur Liebe, sondern auch Verständnis finden.

Das Kätzchen verstehen

Es gibt wohl nur wenige Menschen, denen der Anblick kleiner Katzen, neugeborener oder noch junger Kätzchen nicht ein Lächeln auf die Lippen zaubert. Wie niedlich sie sind, wie purzelig, wie verspielt! Sobald ihre Pfoten sie tragen können, beginnen endlose Spielereien, spaßige Rennen, taumelhafte Luftsprünge, denen die Anmut und Sorglosigkeit dieser kleinen Wesen einen unvergleichlichen Zauber verleihen. Sie können Grimassen schneiden und auf ihren Gesichtern die komischsten Ausdrücke hervorrufen, aber auch Zorn und Ohnmacht, Überdruss und Schalkhaftigkeit. Und das geringste Geräusch oder die flüchtigste Berührung genügen, um Ausdruck und Haltung zu verändern. Ihre kleine Nase ist rot vor lauter Anstrengung, die Krallen kratzen hier und da, und das rosa Mäulchen beißt alles, was man ihm hinhält. Um Fliegen zu erhaschen, tanzen sie ganze Stunden lang.

Zuweilen werden sie auf ihren eigenen Schwanz aufmerksam, der sich hinter ihnen bewegt, und halten ihn für ein Spielzeug. Nichts ist unterhaltsamer als zu beobachten, wie sie sich wie wahnsinnig um sich selbst drehen, um dieses Ding zu packen, das ein Teil ihrer selbst ist. Sie spielen auch für ihr Leben gern mit ihrem Schatten oder dem eines sich bewegenden Objekts.

Die Liebe der Katzenmutter zu ihren Jungen ist bemerkenswert. Vor der Geburt bereitet sie ihnen ein Nest, und zwar in einem Versteck, damit nichts sie stören kann. Sobald sie die geringste Gefahr für die Kätzchen wittert, packt sie sie – nur mit den Lippen – bei der Nackenhaut und trägt sie so sanft, dass die Kleinen dessen kaum gewahr werden, an einen anderen Ort. Während der ganzen Stillzeit verlässt sie ihre Jungen nur, um Nahrung zu beschaffen.

Welches Kätzchen soll ich wählen?

Junge Kätzchen sind reizend, und jedes sieht so aus, als wäre es der ideale Hausgenosse. Es kann jedoch nicht schaden, sich über das Temperament

der Rasse, die man ins Auge gefasst hat, zu informieren, bevor man ein Tier auswählt. Nicht rassereine Katzen können die ganze Skala der Temperamente verkörpern. Inwieweit ihr Temperament mit ihrem Felltyp, der Art, wie sie aufgezogen werden, und den von den Eltern ererbten Anlagen zusammenhängt, lässt sich nicht immer feststellen. Grundsätzlich kann man bei solchen Jungen weniger sicher vorhersagen, wie sich ihre Persönlichkeit entwickeln wird, als bei Rassekatzen.

Manche werden reserviert, scheu, unberechenbar und launisch sein, andere häuslich, offen und anhänglich, und wieder andere ganz undurchschaubar. Du kannst mit jeder Katze glücklich werden, vorausgesetzt, du suchst dir ein intelligentes, aktives Jungtier aus, das aus sich herausgeht und nicht übermäßig ängstlich ist, und vorausgesetzt, du widmest ihm viel Aufmerksamkeit, um es an menschliche Gesellschaft zu gewöhnen, wenn es älter wird.

Außerdem solltest du darauf achten, wie die Mutter sich verhält, wenn du den Wurf betrachtest, das heißt, ob sie zutraulich oder ängstlich ist. Furchtsamkeit kann erblich sein und sich auf den Nachwuchs weitervererbt haben, wobei dieser Charakterzug womöglich erst einige Zeit, nachdem du das Tier zu dir genommen hast, in Erscheinung tritt.

Beobachte auch, wie sich die Kätzchen zueinander verhalten, und richte es so sein, dass du bei der Fütterung dabei sein kannst. Auf diese Weise kann man vermeiden, aus Versehen ein sehr dominierendes und aggressives oder ein furchtsames und unterwürfiges Tier zu kaufen, die beide kein ideales Haustier abgeben.

Nimm das Kätzchen, das dir am besten gefällt, auf den Arm. Es kratzt dich vielleicht und hält sich kurz an dir fest, aber wenn du es streichelst und liebkost, müsste es seine anfängliche Furcht und Überraschung überwinden. Geht es darauf ein oder ist es immer noch verkrampft, angekrallt, steif vor Angst? So kann sich ein sehr junges Tier – mit etwa drei oder vier Wochen –

verhalten, und dann ist es sowieso noch zu jung, als dass du es mitnehmen könntest. Benimmt sich ein älteres Kätzchen noch so, hat es vielleicht nicht genügend Kontakt mit Menschen gehabt oder ist von Natur aus furchtsam und ängstlich. Solch ein Tier auszuwählen, wäre ein Risiko, besonders wenn es auch den nächsten Test nicht besteht.

Setz das Tier in einem ruhigen Zimmer, in dem es nicht von anderen Katzen abgelenkt werden kann, auf den Boden. Im Augenblick erstarrt es vielleicht, aber dann schnuppert es vorsichtig und begibt sich auf Entdeckungstour. Bleibt es wie erstarrt sitzen, ist es zu ängstlich und braucht wahrscheinlich eine Menge Arbeit, bis es aus seinem Schneckenhaus hervorkommt. Ich würde eine Katze, die so reagiert, jedenfalls nicht als Haustier nehmen.

Ruf das Tierchen und versuch es dazu zu bringen, dass es dir folgt. Junge Katzen haben eine gute Nachfolgereaktion, und diese Reaktion sollte stark ausgeprägt sein. Ist sie nur schwach zu erkennen oder nimmt das Kätzchen überhaupt keine Notiz von dir, dann ist es womöglich zu spät, es einzugewöhnen, und es kann passieren, dass es sein Leben lang distanziert bleibt und sich von den Menschen fernhält.

Nützlich ist auch, die Spielwilligkeit des Kätzchens zu testen. Verfolgt es einen Papierknäuel oder ein verknotetes Stückchen Schnur? Reagiert es nicht, kann das ein Zeichen von Furchtsamkeit sein. Es kann das Tier aus dem Konzept bringen, wenn es an einem unbekannten Ort ist, deshalb sollte man ihm Zeit lassen, sich umzusehen und zu orientieren, bevor man sein Temperament testet.

Ein neues Heim für das Kätzchen

Wenn du mit dem Kätzchen deiner Wahl nach Hause kommst, solltest du ihm wieder Zeit lassen, sich an den neuen Platz zu gewöhnen. Mach alle Türen auf und lass es sich überall umsehen.

Hast du Kinder und bist du nicht sicher, dass sie sich einmal für eine Stunde lang ruhig verhalten können, sorge besser dafür, dass sie in dieser Zeit außer Haus sind.

Zeige deinem Kätzchen das Sandkistchen, den Wasser- und den Futternapf.

Es wird seine Mutter vermissen und vielleicht einen oder zwei Tage nach ihr rufen. Sei in dieser Zeit besonders lieb zu ihm, streichle es oft, dann wird sich sein Verlangen nach der Mutter auf dich übertragen. Das ist der erste Schritt zur Eingewöhnung. Falls niemand etwas dagegen (und das Kätzchen keine Flöhe) hat, ist nicht einzusehen, warum das junge Tier nicht die ersten Nächte im Bett seiner neuen Besitzerin verbringen sollte. Lass auf jeden Fall die Schlafzimmertür offen, damit es nachts umherstreifen und sein Sandkistchen erreichen kann.

Die erste Begegnung mit Kindern

Mit einer jungen Katze im Haus musst du dir einen anderen Gang angewöhnen. Heb deine Füße nicht hoch, wie du es sonst tust, sondern schlurfe lieber ein bisschen. Auf diese Weise vermeidest du, aus Versehen auf das Tierchen zu treten, was leider immer wieder vorkommt. Außerdem müssen die Kinder lernen, wie man ein

Kätzchen hält. Man sollte vorsichtig aber fest eine gewölbte Hand unter die Brust legen und die zweite Hand, ebenfalls gewölbt, unter den Bauch schieben. Ein erschrecktes oder nicht richtig gehaltenes Kätzchen windet sich und kratzt. Es empfiehlt sich deshalb, jüngeren Kindern – etwa von drei Jahren an – das Tier erst einmal im Sitzen zum Halten zu geben, weil sie es oft fallen lassen, wenn es zum ersten Mal strampelt oder es aus Versehen kratzt. In kürzester Zeit werden Kind und Katze ihre gegenseitigen Stärken und Schwächen erkannt haben und die Freuden ihrer eigenen kleinen Welt miteinander teilen.

Sind die Kinder noch nicht zwei Jahre alt, kann es für Kind und Katze gleichermaßen gefährlich werden. Sehr kleine Kinder haben nämlich einen Festhaltereflex, der ein Kätzchen erschrekken und auch ernsthaft verletzen kann, so dass ein paar tiefe Kratzer für das Kind die Folge sein können. Ich habe schon gesehen, wie Geschwister ein Kätzchen fast auseinanderrissen, weil es jeder für sich haben wollte. In solchen Fällen ist es vielleicht besser, gleich zwei Kätzchen zu nehmen. Zwei junge Katzen im Haus zu haben, macht eine Menge Spaß und bedeutet Spielen ohne Ende. Für die Katzen ist es gut, aneinander Gesellschaft zu haben, wenn alle Familienmitglieder arbeiten oder in der Schule sind.

Wichtig ist, das Kätzchen nie beim Fressen und Schlafen zu stören. Junge Katzen brauchen sehr viel Schlaf, und wenn sich die Besitzer dauernd mit ihrem neuen Freund beschäftigen, kann das sehr anstrengend sein.

Lass ein neu angekommenes Kätzchen die ersten vier bis fünf Tage nicht aus dem Haus, damit es die neue Umgebung als Heimat erkennt. Auf diese Weise geht es weniger leicht verloren, wenn es doch einmal hinauskommt.

Zusammen ist man weniger allein

Bei einzeln gehaltenen Katzen sorgt ein Aquarium oder eine Fensternische, von der aus man einen Futterplatz für Vögel überblicken kann, stundenlang für Abwechslung. Auch für einen Hund ist eine Katze ein guter Partner, der viel dazu beitragen kann, die Langeweile- und

Gefangenschaftsneurose zu erleichtern, wenn der Hund alleingelassen wird.

Allerdings kann es problematisch sein, eine neue Katze in ein Haus zu bringen, in dem schon ein Hund oder eine Katze lebt. Der ältere Hausgenosse fühlt sich durch den Neuankömmling, der im Mittelpunkt der allgemeinen Aufmerksamkeit steht, verunsichert und bedroht. Neid, beleidigtes Zurückziehen oder auch tätliche Angriffe gegen den Neuankömmling können die Folge sein. Nach einem solchen Bruch in ihrem normalen Leben verweigern manche Katzen das Futter, halten sich nur noch in einem Raum auf, sind tagelang beleidigt oder fauchen jeden an.

Anregung und Kontakte

Man braucht ein Kätzchen andererseits aber auch nicht in Watte zu packen. Ein wenig Anregung in früher Jugend, selbst wenn sie anstrengend ist, wirkt sich immer prima aus, ob es sich um eine Katze oder einen Hund handelt. Kätzchen, mit denen man sich in den ersten Wochen und Monaten ihres Lebens besonders beschäftigt, sind geselliger, erkundungsfreudiger, emotionell stabiler und ausgeglichener als andere.

Zieht man Katzen jedoch in einem nüchternen Zwinger ohne Spielzeug und ohne jegliche Anregung auf, sind sie weniger aktiv, weniger neugierig und weniger lernfähig als Katzen, die Spielzeug und andere Dinge, mit denen sie etwas anfangen können, zur Verfügung haben. Eine junge Katze sollte daher frühzeitig mit einer abwechslungsreichen Umwelt konfrontiert werden. Andernfalls wird sie scheu, reserviert, interessiert sich nicht für neue Dinge und lernt nichts hinzu.

Für eine Katze ist die Entwicklung sozialer Bindungen eine wichtige Folge des Spielens. Haben junge Katzen in den ersten zwei oder drei Lebensmonaten keinen Kontakt mit Menschen, werden sie Wildlinge, mit denen niemand mehr umgehen kann. Bindungen lassen sich verstärken, wenn man sich viel mit dem Kätzchen beschäftigt, es streichelt und liebkost. An das Gefühl, nicht frei zu sein, gewöhnt es sich am besten dadurch, dass man es ab und zu aufnimmt und eine Weile im Arm oder auf dem Schoß hält. Spielt man viel mit ihm, festigt sich das soziale Band weiter. Durch Streicheln erreicht man bei einem jungen Kätzchen, dass es auf seine Besitzerin eingeht.

Wenn du möchtest, dass sich deine Katze gut an Menschen gewöhnt, musst du dafür sorgen, dass sie zu einem frühen Zeitpunkt mit vielen Menschen zusammenkommt. Hat sie in ihrer Jugend keine Kinder kennengelernt, wird sie auch als ausgewachsene Katze Kindern gegenüber scheu sein. Wenn ihre Besitzerin zurückgezogen lebt und wenig Besuch hat, kann auch die Katze entsprechend ungesellig werden. So gesehen wird ein Tier seiner Besitzerin wirklich mit der Zeit ähnlich.

Die Erziehung der Katze

Katzen lassen sich einfach nicht erziehen – das ist eine weit verbreitete Meinung. Richtig ist, dass sich ein Hund besser erziehen, abrichten, schulen oder trainieren lässt als eine Katze, für die man viel Geduld braucht. Doch richtig ist auch, dass normal aufgezogene Katzen, die mit acht bis zehn Wochen entwöhnt und zu diesem Zeitpunkt ins Haus genommen wurden, ab und zu noch zur Raison gebracht werden müssen, wenn sie zu fest zubeißen oder im Eifer eines Scheingefechts kratzen. Manche versuchen zu saugen, wenn man sie streichelt.

Der Name

Eine der ersten »Erziehungsmaßnahmen« kann der eigene Name sein, welcher dem Kätzchen gegeben wird. Eine Katze hört durchaus – wenn auch nicht immer – auf den Namen, den ihr der Mensch gegeben hat. Die Katze Romy kommt (oder merkt auf), wenn sie Romy gerufen wird. Später wird sie deine Rufe eher ignorieren. Willst du sie an bestimmte Bezeichnungen und Ruflaute gewöhnen, mach jedoch nie leere Versprechungen! Das merkt die Katze nach kurzer Zeit, und sie wird verdrießlich, wenn sie gefoppt wird.

Das Klettern

Den »Drang nach oben« kannst du einer Katze nicht abgewöhnen. Warum auch? Hoch oben fühlt sich die Katze am wohlsten – oben auf dem Ast, dem Bücherregal, dem Schrank. Hier kann ihr keiner was tun, von hier kann sie alles überblicken – und auf ihre Menschen herabschauen. Katzen lieben es nämlich gar nicht, zum Menschen hochzublicken. Deshalb suchen sie sich in der Wohnung oft den höchsten Platz.

Katzen können ihre Krallen einziehen und ausfahren – beste Voraussetzungen, um Kletterkünstler zu werden. Mit ausgefahrenen Krallen kommen sie an jedem Baumstamm hoch – aber auch an jeder Gardine oder Jalousie. Gardinenkletterei ist eine Spezialität vor allem junger Katzen. Kann man es ihnen abgewöhnen? Aber ja! Allerdings nicht, indem man sie schimpft. Schimpfen nutzt überhaupt nichts – die Katze schaut dich nur verständnislos an. Schlagen ist ebenso unsinnig, damit zerstörst du nur das Vertrauen, das die kleine Katze gerade zu dir entwickelt hat. Hast du sie geschlagen, wird sie bei der ersten Gelegenheit vor dir flüchten – wahrscheinlich die Gardine hoch, denn unter der Zimmerdecke fühlt sie sich sicher.

Das beste Mittel, einem Kätzchen die Gardinenkletterei abzugewöhnen, ist dies: kein Aufhebens davon machen. Wenn es in erreichbarer Höhe angekommen ist, pflückst du es von der Gardine, hältst es vor dich hin (aber bitte nicht, indem du es nur beim Nacken fasst), starrst ihm in die Augen und sagst laut und deutlich: »Nein!«

Mit einer Ermahnung ist das zwar keineswegs erledigt, doch von Mal zu Mal begreift dein Kätzchen mehr, dass sich Gardinenkletterei nicht auszahlt. Und als ausgewachsenes Tier hat es kaum noch Interesse an flatternden Gardinen, da ist ein stabiles Bücherregal dem Katzengewicht angemessener.

Sag Nein!

Auch in anderen Situationen hat sich die »Strafmaßnahme« bewährt, laut »Nein!« zu rufen und der Katze mit dem Zeigefinger einen kleinen Stubs auf die Nase zu geben (wie es auch die Katzenmutter tut, wenn sie ihren Jungen eines mit der Pfote auf die Nase gibt). Das Kätzchen lernt bald, dass dieses »Nein!« bedeutet, dass es aufhören soll, so dass sich der Klaps auf die Nase erübrigt. Ich habe meine eigenen Katzen so erzogen, als sie noch recht klein waren, und sie verlassen sofort einen noch so reich gedeckten Tisch oder lassen meine Blumen in Ruhe, wenn ich »Nein!« rufe.

Doch muss diese Erziehung frühzeitig einsetzen; später ist da nur noch wenig auszurichten.

Katzen lassen sich also erziehen und sind äußerst anhänglich, wenn sie richtig eingewöhnt und aufgezogen wurden. Wer von vornherein glaubt, eine Katze sei distanziert und ungesellig, wird sie mit diesen Erwartungen aufziehen und wenig Aufmerksamkeit und Erziehung investieren. Kein Wunder, dass solche Katzen tatsächlich distanziert und ungesellig sind. Die Erwartungen, die man anderen (einschließlich Katzen) gegenüber hegt, haben eine fatale Neigung, sich zwangsläufig zu erfüllen!

Die Katzentoilette

Freilebende Katzen vergraben ihren Urin und ihre Exkremente, wenn sie sich in ihrem eigenen Revier entleeren, und dieses instinktive Verhalten macht die Katze zu einem idealen Haustier.

Einer Katze muss man nicht beibringen, eine Katzentoilette, ihr spezielles Sandkistchen, zu benützen. Es genügt, sie hineinzusetzen und sich selbst zu überlassen. Wenn trotzdem ein kleines Unglück passiert, verfrachtet man das Malheur in die Kiste und zeigt der Katze erneut, wo der richtige Platz dafür ist. Niemand muss ihr beibringen, »stubenrein« zu werden; es ist eine reine Instinktsache.

Die Sache mit den Haaren

Langhaarige Katzen sollten so früh wie möglich an das Bürsten und Kämmen gewöhnt werden. Auf Versuche zu spielen, wegzulaufen, zu kratzen oder zu beißen, sollte man energisch reagieren. Danach nimmt man die Katze beim Genick, setzt sie sanft, aber nachdrücklich auf ihren Platz zurück und bürstet weiter.

Alle Katzen, und die langhaarigen ganz besonders, müssen speziell im Frühsommer, wenn sie noch mehr Haare als sonst verlieren, viel gebürstet werden. Dadurch verhindert man Haarbälle: Betreiben Katzen selbst Fellpflege, sammeln sich die Haare auf der rauen Zunge, werden verschluckt und klumpen sich im Magen zu Bällen zusammen. Die Katzen würgen dann oft, ohne dass etwas herauskommt. Oder sie fressen Gras, damit sie sich übergeben können. In der Wohnung gehaltene Katzen sollte man sowieso etwas Gras zu fressen geben – es ist für sie auch eine Abwechslung.

Kratz, kratz, kratz

Ein nicht sehr geschätzter Wesenszug der Katze ist, dass sie gern ihre Krallen an Vorhängen, Polstermöbeln und Teppichen wetzt. Dagegen ist bei manchen Katzen auch mit der besten Erziehung nichts auszurichten. Manchmal wird ein mit einem Stück Teppich umkleideter »Kratzpfosten« angenommen, aber ich möchte dir da nicht zuviel Hoffnung machen. Immerhin kannst du es versuchen, die Katze aufzunehmen, sobald sie anfängt, am Sofa zu kratzen, und sie vor den Kratzpfosten zu setzen. Hebe ihre Vorderpfoten hoch und mache kratzende Bewegungen damit. Vielleicht fällt der Groschen, aber oft kehrt die Katze auch zu den von ihr bevorzugten Stellen im Haus zurück und kratzt weiter. Wenn alles nichts hilft, kann man notfalls die Krallen mit einer Nagelzange kürzen. Das lassen sich allerdings nicht alle Katzen gefallen.

Eine dritte Möglichkeit besteht darin, die Krallen ganz zu entfernen. Die Methode ist umstritten; ich halte sie für nicht gerechtfertigt. In jedem Fall muss die operative Entfernung der Krallen von einem Tierarzt vorgenommen werden; die Operation ist nicht einfach und wird unter Narkose durchgeführt. Die Entfernung der vorderen Krallen (für die Entfernung der hinteren sehe ich keinen Grund) führt kaum zu psychischen Schäden – die Katzen machen auch nach der Operation noch die Kratzbewegungen an Möbeln und Teppichen und benehmen sich auch sonst ganz normal. Allerdings sollte man solch eine Katze nicht mehr aus dem Haus lassen, weil sie sich nicht mehr verteidigen oder vor einem Hund auf einen Baum flüchten kann.

Katz und Maus

Katz und Maus sind sprichwörtlich. Doch die Jagd auf die Maus ist den Kätzchen nicht angeboren. Sie müssen sie, wie so vieles, lernen. Angeboren ist ihnen allerdings das Haschen nach allem, was sich bewegt. Aber nun bringt ihnen die Katzenmama eine lebende Maus mit, die sollen sie fangen. Die Maus piept, rennt weg. Das Kätzchen springt hinterher, tippt auf die Maus, springt schnell zurück. Denn das Kätzchen hat Angst!

Diese Angst ist nicht unbegründet. Für die junge Katze ist eine Maus etwa so groß wie ein Berhardiner für ein Kind. Und auch die Maus kann beißen. Ihr Piepen wirkt auf das Kätzchen sehr beunruhigend.

Sicher würde es am liebsten die Jagd einstellen. Aber wenn Mama eine gute Jägerin ist, sorgt sie weiter für Mäusenachschub. Nun wissen wir bis heute nicht genau, ob die Katzenmama die

Mäuse anschleppt, um ihren Kindern alle Griffe, Schläge und Sprünge vorzuführen und beizubringen. Oder ob sie es tut, um Jagdfieber zu wecken, denn wenn Mama so zuschlägt, möchten die Kinder natürlich mitmachen.

Aber was nutzt das Fangen! Die Maus muss getötet werden. Da haben kleine Katzen Hemmungen. Die Natur hat ihnen eine Bissart mitgeliefert, den Nackenbiss, und der wird für die verschiedensten Zwecke benutzt. Wenn sich Katzen paaren, beißt der Kater die Katze ins Genick – zärtlich. Wenn die Katzenmama ihre Kinder transportiert, wendet sie auch diesen »Nakkenbiss« an, der zwar nicht wehtut, die Kinder jedoch erstarren lässt, so dass das »Katzenpaket« bequem zu transportieren ist.

Würde die Katzenmutter fest zubeißen, würde sie die Kinder töten. Aber da gibt es eine Hemmschwelle. Die Beutemaus wird mit dem gleichen Nackenbiss getötet, hierbei muss also die Hemmschwelle überschritten werden. Das wird den kleinen Katzen dadurch erleichtert, dass sie die Konkurrenz der Geschwister spüren. Sie werden aufgeregt, wollen sich die Beute sichern – und beißen zu. Damit haben sie das Töten gelernt.

Manche Katzen lernen es nie. Es gibt welche, die stolz ihre Beute nach Hause bringen und – sie dort laufen lassen. Das ist fast schon ein Witz: die Katze, die die Mäuse nicht aus dem Haus vertreibt, sondern sie einschleppt. Trotzdem möchte die Katze für ihren Fang gelobt werden.

Das geheimnisvolle Wesen

Keine Katze ist wie die andere. Es gibt Katzen, die schließen sich dem Menschen so eng an, dass sie ihm am liebsten auf Schritt und Tritt folgen und auch Reisen in Kauf nehmen. Es gibt Katzen, die setzen sich sofort in den geöffneten Koffer, um ihren Menschen daran zu hindern, dass er ihn packt, der Mensch soll gefälligst zuhause bleiben! Es gibt Stubentiger, die sind froh, wenn sie noch eine zweite Katze in der Wohnung haben – und es gibt welche, die sich nie an die Mitbewohnerin gewöhnen. Es gibt Pantoffelhelden, die am liebsten keinen Schritt nach draußen machen. Und es gibt wilde Mäusefänger voller Freiheitsdrang, die trotzdem ein Sofakissen sehr zu schätzen wissen.

Doch trotz aller Unterschiede in Art und Verhalten gibt es bei den Katzen allgemeine Charakterzüge, die in der ganzen Gattung zu finden sind. Die Katze erscheint uns als ein von Grund auf aristokratisches Wesen, vornehm und anmutig. Jeder wird die Beobachtung machen, dass sich die Katze, wenn sie gerufen wird und die Absicht hat, dem Ruf zu folgen, sich zunächst ziert, zum Beispiel indem sie so tut, als sei sie sehr beschäftigt, und erst dann kommt, wenn sie nicht mehr gerufen wird. Ist das nun ein Zeichen von Unabhängigkeit oder von Koketterie?

Wie auch immer, wir fühlen uns berechtigt, die Katze für ein unabhängiges, ja philosophisches Tier zu halten. Alle ihre Taten und Verhaltensweisen zeugen von einer Besonnenheit, die viel größer ist als bei anderen Tieren. Wenn sie spielt, hat sie sanfte Pfoten; tut man ihr aber weh, dann fürchtet sie sich nicht, Böses mit Bösem zu vergelten, selbst wenn sie sich als die Schwächere fühlen sollte.

Die Katze als Haustier

Trotzdem hat sich die Katze daran gewöhnt, ein Haustier zu sein. Sicher, wenn Zähmen und Erziehen darin besteht, die Gewohnheiten eines Tiers zu ändern, ihm unsere Liebkosungen aufzuzwingen und angenehm erscheinen zu lassen, es gegen seinen Willen ans Haus zu binden und in unserer Mitte leben zu lassen, dann ist die Katze kein Haustier, wie es Pferd oder Hund sind. Sie will gern unser Gast sein, nicht aber ihre Freiheit und Unabhängigkeit aufgeben und uns dienen. Trotzdem ist sie, sogar in sehr hohem Maße, fähig, sich an den Menschen zu binden. Aber man muss sie ihren Weg gehen lassen und sie nicht zu Zärtlichkeiten zwingen wollen.

Ritual und Rhythmus

Auch wenn es so aussieht, als mache die Katze stets, was sie will, so hat sie doch ihren Tagesrhythmus. Die Sonne geht auf, Vögel singen, Mäuse rascheln durch die Felder – da möchte die Katze gern einen Erkundungsgang machen. Zum Frühstück kehrt sie heim. Dann wird gechillt oder geschmust. Die Mittagsruhe ist den meisten Katzen heilig. Zweimal am Nachmittag werden sie dann hellwach und umtriebig. Sie wollen spielen, und dieser Spieltrieb ist nur eine andere Form des Jagdtriebs. Wer keine Gelegenheit findet, Mäuse zu fangen, möchte wenigstens nach einem Ball haschen.

Abends wollen Katzen bummeln gehen und was erleben. Denn Langeweile mögen sie gar nicht. Das klingt merkwürdig, wo sie doch sonst stundenlang vor sich hindösen können. Aber das ist kein Zeichen von Langeweile. Da stellen sie gewissermaßen die Uhr ab und entspannen sich. Katzen sind Meisterinnen im Entspannen!

Aber abends muss was los sein, da muss man Erkundigungen unternehmen, das Revier durchstreifen und kontrollieren, Kontakt mit anderen aufnehmen. Und in dieser Hinsicht haben es Großstadtkatzen schwer. Viele kommen kaum aus ihrem Zimmer. Da müssen wir Menschen eingreifen. Wir müssen mit ihnen sprechen und spielen. Aber sie nicht draußen an der Leine ausführen! Das ist eher eine Quälerei für die Katze, sie lässt sich nur sehr ungern an der Leine führen – dafür besitzt sie noch zuviel Raubtierinstinkt – und wird immer versuchen, sie loszuwerden. Und man darf nie von ihr erwarten, dass sie wie ein gut erzogener Hund bei Fuß geht. Besser ist, sie auf den Balkon oder am offenen Fenster sitzen zu lassen.

Die neun Sinne der Katze

Wir sagen gern, die Katze habe neun Leben. Wie auch immer, neun Sinne hat sie auf jeden Fall. Die Katze, die allein auf die Jagd geht, muss sich ausschließlich auf ihre eigenen Sinne verlassen, die auf viele Reize abgestimmt sein müssen – Bewegung, Geräusche und Gerüche, die Nahrung oder Gefahr melden können. Außerdem braucht sie ein leistungsfähiges Gedächtnis und Abrufsystem, in dem all die vielen und verschiedenen Reize ihrer Welt verzeichnet sind. Eine Katze hat neun Sinne: der Geruchssinn, der Geschmackssinn, der Tastsinn, Gefühl für Temperatur und Gleichgewicht, Sehvermögen und Gehör, außerdem das Gefühl für Richtung und Zeit. Wer mit einer Katze kommunizieren will, muss dies also über ihre Sinne tun.

Das Sehvermögen

Wohl jeder hat schon einmal darüber gestaunt, dass die Augen der Katze in ständiger Beziehung zum Tageslicht stehen und sich je nach Helligkeit und Lichteinfall verändern. Nachts, und schon im Halbdunkel, in dem sie ohne weiteres sehen können, zeigen sie uns ein seltsames Leuchten. Die Katze jagt bei Nacht, selbst wenn auch sie bei totaler Dunkelheit nichts mehr sieht, verfügt sie doch bei Zwielicht über ein außerordentlich gutes Sehvermögen.

Die Augen haben die verschiedensten Ausdrucksmöglichkeiten. Die hellgrünen Augen der schwarzen Katzen drücken Erstaunen, Bestürzung aus. Sie sind wie ein kaltes grünes Meer. Die blauen Augen der weißen Katzen sind blicklos. Gelbe Augen wirken auf uns unheimlich.

Der manchmal rätselhafte Katzenblick mag daher kommen, dass unter dem Eindruck der Nerven die Spiegelung der Lichtstrahlen auf der Netzhaut je nach dem Einfallswinkel wechselt, oder daher, dass sich die Flüssigkeit, in der das Licht badet, plötzlich verändert. Diese Lichtspiegelung ist das ganze Geheimnis des Katzenblicks.

Der Blick eines Hundes mag uns bewegen, ja rühren. Er kommt vom Herzen und geht zum Herzen. Er lässt uns zerfließen vor Zärtlichkeit für ihn. Das Auge der Katze – mit seiner Rätselhaftigkeit am Morgen, seiner warmen Ausstrahlung am Nachmittag, wo man durch die halbgeschlossenen Lider Goldpailletten schwimmen sieht, mit seinen starren Feuerkugeln, die unbeweglich sind wie die eines Gespensts in der Nacht – jedoch überrascht, ergreift, beunruhigt.

Das Hundeauge mag immer gütig sein, das Katzenauge jedoch ist bzw. wirkt zumeist nachdenklich und melancholisch. Der Blick der Katze ist verwirrend, sei es, dass er metallisch schimmert, in einem rätselhaften Grün oder einem hellen und kalten Gelb, sei es, dass er hinter halbgeschlossenen Lidern Wärme und Sehnsucht ausdrückt. Die Katze hat einen Blick, der mit nichts vergleichbar ist, der nur ihr gehört.

Einer der Gründe, warum die Ägypter die Katze für heilig hielten, war, dass ihre Augen im

Dunkeln glühten. Sie glaubten, das Katzenauge spiegele noch die für Menschenaugen nicht mehr sichtbare Sonne wider, der Sonnengott Ra kämpfe in Katzengestalt gegen die bösen Mächte der Finsternis.

Katzenpupillen reagieren sehr schnell auf veränderte Lichtverhältnisse. Bei Dunkelheit weiten sie sich, um soviel Licht wie möglich einzufangen, und im hellen Sonnenlicht werden sie zu schmalen Schlitzen.

Man könnte behaupten, dass das Auge alles sagt (im Mittelalter nannte man es den Spiegel der Seele), und soweit es die Gefühle einer Katze betrifft, stimmt das auch voll und ganz. An der Pupillenform kann man erkennen, ob eine Katze zornig öder ängstlich ist.

Denn wenn sich eine Katze auf etwas konzentriert, verändern die Pupillen ihre Form. Man nennt das Akkomodation; sie dient der genauen Entfernungsbestimmung. Dieser schnelle Pupillenreflex zusammen mit der

nach vorn gerichteten Stellung der Augen (statt der seitlichen wie zum Beispiel bei Pferd oder Kaninchen) ermöglichen es der Katze, genau zu berechnen, wie weit sie springen muss, um ihre Beute zu erreichen.

Auf Grund ihrer Netzhautstruktur ist die Katze hauptsächlich darauf angewiesen, Bewegungen zu erkennen, wenn sie ihre Beute lokalisieren will. Sie kann eine Maus übersehen, wenn diese sich nicht bewegt, und aus diesem Grund erstarren viele Tiere auch, wenn sie verfolgt werden: Vielleicht verliert der Jäger sie so aus den Augen! Wenn es auch einer Maus möglicherweise gelingt, mit Hilfe dieses Erstarrens zu entkommen, ist doch das Bewegungserkennungssystem der Katze außerordentlich fein entwickelt. Dank diesem System braucht die Katze keineswegs jeden Busch und jeden Spalt zu fixieren, wenn sie auf Beute aus ist. Mit einem einzigen Blick kann sie einen ganzen Garten oder Hof überprüfen, weil ihre Augen keinerlei Einzelheiten der statischen Welt aufnehmen, sondern ausschließlich darauf eingestellt sind, Bewegung zu erkennen.

Jede andere Information ist ohne Bedeutung und wird herausgefiltert.

Obwohl ein Katzenauge unendlich viel empfindlicher ist als das des Menschen, sieht es dennoch etwa zehnmal weniger. Die Katze ist jedoch – was ihr oft unterstellt wird – keineswegs farbenblind; sie sieht zumindest zweifarbig. Selbst wenn sie einige Farben unterscheiden kann, hat sie für diese Information normalerweise höchstwahrscheinlich keine Verwendung, weil sie auf andere Schlüsselreize – zum Beispiel Bewegung und Geräusche – anspricht, wenn sie auf Beute ausgeht (die ja selten leuchtende Farben trägt, sondern sich eher versteckt).

Der Tastsinn

Der am unmittelbarsten mit der Katze assoziierte Sinn ist wohl der Tastsinn. Man könnte sogar sagen, dass sich ihr Verstand sozusagen in ihrer Pfote befindet; dort ist ihre Anmut; und das Spiel ist ihr anatomisches und zerebrales Geheimnis. Die Pfote ist Jagdinstrument und Ausdruck von Wonne, außerdem aber lastet der

Körper auf ihr, und sie berührt beim Gehen den Boden – was sie etwas erhärten lässt. Trotzdem ist keine weibliche Hand sensibler; man fühlt darin einen warmen Strom, vibrierendes Leben. Die lebhaften intimen magnetischen Empfindungen, diejenigen, die aus der Tiefe des Seins zu kommen scheinen.

Über die Funktion der Schnurrbarthaarre (*vibrissae*) ist wenig bekannt; sie können vielleicht dazu dienen, Vibrationen aufzufangen, aber wahrscheinlich sind sie ein zusätzlicher Schutz für die Augen. Wenn man ein solches Barthaar berührt, schließt die Katze die Augen. Ein zurückschnellender Zweig oder ein scharfer Grashalm berührt erst die Barthaare, bevor er das Auge trifft. Von den Barthaaren führt ein unglaublich schneller Reflexbogen zu den Augenlidern, so dass sofort der Blinzeleffekt ausgelöst und so die Hornhaut vor Verletzungen geschützt werden kann.

Wenn die Katze dir einen Nasenstüber gibt, beriecht sie dich wahrscheinlich nicht, sondern tastet dich mit ihren Barthaaren ab. Diese hornigen Tasthaare hat sie nicht nur am Bart, sondern auch um die Augen herum und an den Pfoten. Mit diesen Haaren fächelt sie nicht nur nahe Gegenstände ab, die sie nicht sehen und hören kann, die Haare arbeiten auch als Ferntastorgane. Der Katzenbart braucht also gar nicht mit dem Gegenstand in Berührung zu kommen und spürt ihn doch.

In einem dunklen Labyrinth finden sich Katzen gut zurecht – solange sie ihre hochempfindlichen Tasthaare einsetzen können. Es wäre daher übelste Tierquälerei, ihnen die Barthaare abzuschneiden oder auch nur zu kürzen. Die Katzen würden hilflos umherirren.

Auch das Fell übermittelt der Katze Informationen des Tastsinns. Sie lässt sich liebend gern streicheln, ja, sie kann dich so ausdauernd zum Streicheln auffordern, dass sie geradezu lästig wird. Für viele Katzen ist es das reinste Rauschgift. Oft fallen sie in kindliche Verhaltensmuster zurück, strecken abwechselnd die Vorderpfoten aus, wie beim Trinken an der Mutter. Dieses »Treteln« kommt uns seltsam vor – es ist jedoch nichts anders als die Erinnerung an eine Geste der Kindheit, als die beiden Pfoten die Zitze pressten, um die Milch herauszudrücken. Die Katzen wiederholen diese Geste köstlicher Wollust an Dingen, die weich und elastisch wie die Mutterbrust sind.

Oder sie stecken außer sich vor Entzücken die Nase in die Achselhöhle oder Halsbeuge ihres Menschen. Das gibt uns den ersten Anhaltspunkt dafür, was in ihnen vorgeht. Auch dies ist eine Reminiszenz, denn von Geburt an hat die Katzenmutter ihre Jungen geleckt; es ist die erste gefühlsmäßige Erfahrung, die den Kätzchen von einem anderen Wesen vermittelt wird. Zuneigung entsteht primär durch Berührungen.

Wird eine Katze gestreichelt, zeigt ihr Nervensystem eine ganz klare Reaktion: Der Herzschlag verlangsamt sich, der Muskeltonus lässt nach und der Körper entspannt sich. Ein Kätzchen braucht dieses Stimulans vielleicht zum Überleben, für eine ausgewachsene Katze ist sie das reine Vergnügen. Außerdem dient sie der Bestätigung angenehmer sozialer Beziehungen. Freundlich gesinnte ausgewachsene Katzen putzen sich sogar gegenseitig, nachdem die eine die andere dazu aufgefordert hat.

Der Gleichgewichtssinn

Der Gleichgewichtssinn der Katze ist legendär. Als Baumkletterin muss sie über einen guten Gleichgewichtssinn verfügen. Körperlich wie geistig strebt die Katze ja – wie gesagt – immer nach Höherem. Sie kennt kein Schwindelgefühl, ihre Nerven halten jeder Prüfung stand. Sie klettert auf die höchsten Bäume, ohne sich darum zu kümmern, wie sie wieder herunter kommen kann. Dennoch ist ihr die Angst nicht unbekannt, denn manchmal bleibt sie hilfesuchend in großer Höhe sitzen und wagt nicht herabzuklettern. Und wenn sie sich endlich entschließt, zum Boden zurückzukehren, dann tut sie es nur rückwärts. Sie versucht immer, so hoch wie möglich zu gelangen, das heißt, in der Kunst des Kletterns Vollkommenheit zu erreichen; dennoch ist sie sich genau der Gefahr, der sie ausgesetzt ist, bewusst.

Wenn man sie fallen lassen will, klammert sich die Katze an alles, was sie umgibt. Sie weiß Entfernungen und Zwischenräume abzuschätzen und auch zu erkennen, ob eine Oberfläche senkrecht oder schräg ist. Bevor sie zum ersten Mal zu einem gefährlichen Sprung ansetzt, überlegt und vergleicht sie, wird sich über ihre Kraft und Geschicklichkeit klar – und versucht es dann. Manchmal zögert sie ziemlich lange, bevor sie handelt. Aber was ihr einmal gelungen ist, wiederholt sie auch hundertmal. Wenn nicht, übt sie – und versucht es später von neuem.

Pack deine Katze bei den Vorder- und Hinterpfoten und hebe sie über einem Kissen horizontal etwa einen Meter hoch. Lass sie los und schau dir an, wie sie sich dreht und immer auf allen vieren landet. (Nur bei einer sehr fügsamen oder extrem passiven Katze kann es passieren, dass sie anfangs nicht auf den Test anspricht und einfach auf den Rücken oder die Seite fällt.) Dieser Richtreflex ist ein bemerkenswerter Mechanismus und verhindert mit Sicherheit, dass eine Katze sich schwer verletzt, wenn sie von einem Baum fällt. Der Reflex sorgt für die richtige Stellung, so dass die ausgestreckten, sehr elastischen

Beine als Landepolster benützt werden können, was die Möglichkeit einer Rückgrat- oder inneren Verletzung auf ein Minimum reduziert.

Der Geschmacks- und Geruchssinn

Über den Geschmacks- und Geruchssinn der Katzen wissen wir wenig, aber doch so viel, dass neugeborene Katzen schon bei der Geburt über einen entwickelten Geruchssinn verfügen, mit dem sie ihr Lager erkennen und womit sie ihre eigene Zitze auswählen.

Geruchskünstler sind sie nicht unbedingt, obwohl sie auf manche Gerüche eingeschworen sind, zum Beispiel auf Baldrian. Leg ihr einen Beutel Baldriantee hin – und sie wird wohlig daran schnuppern, ja, sich sogar auf ihm wälzen.

Zum Sozialleben der Katze gehören ausgiebige Duftmarkierungen und Kopf- und Flankenreiben – ein Beweis für die wichtige Rolle, die der Geruchssinn in ihrem Leben spielt. Wie der Hund besitzt auch die Katze ein Jacobsonsches Organ: Zwei Kanäle zu diesem Organ befinden sich im Gaumen unmittelbar hinter den oberen

Schneidezähnen. Bei verschiedenen Substanzen öffnet die Katze das Maul (sie *flehmt*), um den Geruch besser an dieses spezielle Riechorgan gelangen zu lassen. Das ist besonders der Fall, wenn eine Katze das Werk einer anderen beschnuppert oder sich am Duft der Katzenminze berauscht.

Das Gehör

Im Frequenzbereich bis 500 Hz unterscheidet sich das Hörvermögen von Hunden und Katzen nicht sehr von dem des Menschen. Bei höheren Frequenzen sind Katze und Hund dem Menschen allerdings weit überlegen. Womöglich kann die Katze noch höhere Frequenzen wahrnehmen als der Hund. Für einen Jäger ist es schließlich wichtig, Geräusche genau orten zu können.

Katzenohren arbeiten großartig! Eine Katze, die im Tiefschlaf ist, hört noch auf zwanzig Meter eine Maus vorbeihuschen – und ist sofort bereit, Jagd auf sie zu machen. Sie hat den Vorteil, dass sie über eine bewegliche Ohrmuschel verfügt, mit deren Hilfe sie Geräuschwellen einfangen, die Umgebung abhorchen oder ihre Aufmerksamkeit einer bestimmten Geräuschquelle zuwenden kann. Wo der Ursprung des Geräuschs ist, kann die Katze außerdem aus dem zeitlichen Unterschied erkennen, mit dem das Geräusch auf dic beiden Ohren trifft, sowie aus der unterschiedlichen Tonintensität. Einige stimmliche Ausdrucksformen der Katze, der Name, mit dem ihre Besitzerin sie ruft, ein Klopfen an der Tür, das Geräusch einer Konservendose, die geöffnet wird, ein Rascheln mit Papier, stellen bedingte Reize dar, die entsprechende »Antworten« bzw. Reaktionen hervorrufen.

Das beste Beispiel dafür ist ein leises Rascheln im Hochfrequenzbereich oder ein leichtes Kratzgeräusch. Bei einer jungen Katze kann man damit spielerisches Anschleichen und Beutefangen auslösen. Ein Lieblingsspielzeug meiner Katze ist ein zerknittertes Stückchen Cellophan von der äußeren Hülle einer Zigarettenpackung. Diese Geräusche gleichen denen kleiner Beutetiere, und die Katze spricht automatisch darauf an, auch wenn sie vielleicht beim ersten Zusammentreffen ihre Beute gar nicht wirklich tötet.

Der Zeit- und der Richtungssinn

Zwei andere Sinne – der Zeit- und der Richtungssinn – ermöglichen es der Katze durch ihr Zusammenwirken, höchst bemerkenswerte Leistungen zu vollbringen, die sich einer rationalen Erklärung entziehen. So scheint sie gewisse Vorahnungen von einer ihr selbst und/oder ihrer Besitzerin drohenden Gefahr zu haben. Oder deine unerwartete Rückkehr zu wissen. Oder nach Hause zu finden, auch wenn sie kilometerweit von ihrem Zuhause verlorenging.

Selbst wenn uns das alles »übersinnlich« erscheinen mag – es sind ihre Sinne, die der Katze solche Reaktionen ermöglichen. Eine Katze kann die leichtesten Erschütterungen spüren, die einem Erdbeben vorausgehen, oder sie nimmt den schwachen Geruch von Feuer im Haus wahr. Du bist für solche kaum merklichen Reize unempfindlich, bemerkst jedoch das oft bizarre Verhalten einer aufgestörten Katze, die hinaus möchte oder wie besessen an Türen oder Fenstern hochspringt und daran kratzt. Das macht dich schließlich auf die Gefahr aufmerksam. Vielleicht lässt du die Katze endlich hinaus und gehst ihr nach, um zu sehen, was sie draußen eigentlich wollte, und wenn du dich umdrehst, schlagen Flammen aus einem Fenster. Du zählst zwei und zwei zusammen und kommst zu dem Schluß, dass die Katze eine Vorahnung hatte und dich warnen wollte. In Wirklichkeit wollte sie nichts als ihre eigene Haut retten.

Was die »Vorhersage« (oder besser: Vorabahnung) deiner unerwarteten Ankunft betrifft: Katzen warten oft genau zur richtigen Zeit, wenn du zurückkehrst, an einem bestimmten Ort. Springt eine Katze plötzlich auf das Fenstersims oder läuft zur Tür und bereitet sich auf deine Begrüßung vor – obwohl es noch eine Minute dauert, bis du den Schlüssel ins Schloss steckst –, kann derjenige, der sie dabei beobachtet, glauben, deine Katze sei im Besitz übernatürlicher Kräfte. Sehr oft hat sie jedoch nur das Auto oder deine Schritte erkannt (dieses Erkennen ist allerdings tatsächlich

untrüglich), bevor du irgendetwas hören konntest, und daran ist nichts Bemerkenswertes.

Wirklich bemerkenswert ist nur das unglaubliche Zeitgefühl, das viele Katzen besitzen. Deine Katze weiß in der Regel nicht nur, wann du nach Hause kommst. Sie hat auch gelernt, um welche Zeit du aufstehen musst, und weckt dich immer zwei bis drei Minuten vor dem Klingeln des Weckers um acht Uhr morgens, indem sie ihre kalte Nase gegen deine drückt. An Wochenenden ist das eher ärgerlich. An die Sommerzeit dagegen, wenn die Uhren eine Stunde vorgestellt werden, gewöhnt sie sich in recht kurzer Zeit.

Dieses genaue Zeitgefühl ist in der Natur von höchster Bedeutung, es kommt uns nur bei einer Hauskatze ungewöhnlich vor. Eine Katze, die einige Kilometer von zu Hause verlorengeht, findet nach einigen Tagen zurück. Wie ist das möglich, fragst du dich. Nun, sie hat eine natürliche innere »Uhr«, die auf die Ortszeit ihres Heims eingestellt ist. Den nötigen Richtschlüssel in Richtung Heimat liefert der Katze die »Berechnung« des Zeitunterschieds. Mit anderen Worten: Richtet sie ihren Weg so aus, dass der Unterschied zwischen ihrer inneren (heimorientierten) Zeit und der Zeit an dem Ort, an dem sie sich gerade befindet, ausgeglichen wird, findet sie nach Hause. Dieses beachtliche »Heimfindevermögen« beginnt sich allerdings zu verringern, wenn die Entfernung zwölf Kilometer übersteigt (außerdem finden ausgewachsene Katzen besser nach Hause als junge).

Oft hört man die Ansicht, dass die Katze mehr am Haus als an seinen Bewohnern hinge, aber das ist ein Irrtum. Wenn man auch festgestellt hat, dass Katzen, die man über große Entfernungen hinweg in einem verschlossenen Korb fortgetragen hatte, zu der Wohnung zurückkehrten, von der man sie gewaltsam entfernt hatte, so gibt es doch zahlreiche Beispiele dafür, dass sich die Katzen, wenn ihre Besitzer in ein neues Heim ziehen, ohne Furcht dort bleiben und auch nicht versuchen auszureißen.

Wie sich Katzen verständigen

Grundsätzlich, das weiß jeder, sind Katzen Einzelgänger, nicht so geselligkeitsliebend oder -abhängig wie Hunde oder auch Wölfe. Doch die Domestizierung, die Gewöhnung an ihr Heim oder die emotionale Bindung an dich werden die Fähigkeit der Katze, wieder zu »verwildern«, in keiner Weise einschränken. Jede Katze ist zu jeder Zeit in der Lage, sich allein durchzuschlagen.

Wenn man zehn Katzen aufsammelt, die sich nie zuvor gesehen haben, und sie zusammen in einen Raum sperrt, bleibt jede an ihrem Platz, und es kommt zu keinerlei Wechselbeziehungen. Es ist symptomatisch für die Verhaltensweise der Katzen, die einander lieber aus dem Weg gehen (außer wenn sie auf Partnersuche sind oder Junge haben), als dass sie enge soziale Beziehungen pflegen. Setzt man eine fremde Katze in das Zimmer einer anderen Katze, wird diese den Eindringling kurz untersuchen und ihn dann ignorieren oder bedrohen. Zu wirklichen Angriffen kommt es selten. Deine Katze wird sich auffällig putzen (eine Verlegenheitsgeste) und sich dann zurückziehen. Wechselbeziehungen von einiger Dauer kommen unter ausgewachsenen Katzen normalerweise nur während der Partnersuche oder bei Rivalitätskämpfen von Katern vor.

Rivalen im Revier

Sind Katzen Einzelgänger? Sie sind nicht unbedingt darauf aus, Besuch von anderen Katzen zu empfangen. Sie haben es nicht gern, wenn sich andere Katzen in ihrem Revier aufhalten oder gar ansiedeln. Wie groß ihr Revier ist? Schwer zu sagen. Es kann ein Zimmer sein, aber auch die ganze Wohnung. Auch der Garten am Haus kann zu ihrem Gebiet gehören.

Nun dulden Katzen in diesem Gebiet durchaus »Transitverkehr«. Wenn Miezi vom Nachbargrundstück durch die Büsche schleicht und durch Maxis Garten geht, greift Maxi sie nicht an. Sie lässt sie passieren, weil sie offenbar nur eine Sorge hat: Hoffentlich rückt mir Miezi nicht zu dicht auf den Pelz.

Spaziert eine völlig fremde Katze durch Maxis Garten, kann es allerdings geschehen, dass Maxi sie bedroht. Dann nimmt die andere Katze Reißaus, auch wenn sie stärker als Maxi ist.

Auch haben Katzen, die sich frei bewegen können, noch ein Gebiet, das andere Artgenossen benutzen dürfen. Das sind Wege und Plätze der näheren Umgebung. Aber in der Regel streifen dort nie mehrere Katzen zur gleichen Zeit umher.

Woher wissen sie, dass das Revier gerade besetzt ist? Möglich, dass sie Duftmarken setzen, also Urin verspritzen. Dieser Spritzer wirkt auf andere Katzen wie eine Verkehrsampel, die auf Rot steht. Möglich aber auch, dass Miezi ihre Nachbarin beobachtet und feststellt: Aha, jetzt unternimmt Maxi ihren Streifzug. Ich muss warten. Dann setzt sich Miezi ins Gebüsch und lauert, bis Maxi das gemeinsame Revier verlässt.

Für diese Erklärung spricht viel. Oft kann man beobachten, dass sich zwei Katzen von weitem sehen und stehenbleiben. Jede wartet, ob die andere ihren Weg fortsetzt. Endlich geht eine weiter. Prompt dreht sich die andere um und geht zurück. Sie gibt den Weg frei. Ihre Zeit ist noch nicht gekommen. Sehr höflich, könnten wir sagen. Aber es hat mit Höflichkeit nichts zu tun. Dieses Einander-aus-dem-Weg-Gehen ist Bestandteil der Katzenordnung. Auf diese Weise werden Kämpfe vermieden, die im Grunde nichts einbringen.

Rangordnungen und Verkehrsvorschriften

Verwilderte Hauskatzen leben ziemlich für sich, obwohl sich ihre Jagdreviere oft überschneiden, wenn dieselben Pfade oder Wechsel benutzt werden. Katzen haben in der Regel außerhalb ihres Heims noch ein Streifgebiet, in dem Plätze zum Ausruhen, Sonnen, Beobachten usw. liegen. Diese Plätze sind durch ein Wegenetz verbunden und werden regelmäßig aufgesucht.

Darüber hinaus führt ein ausgeklügeltes Wegenetz zu gemeinsamen Treffpunkten, zu Jagd- und Werbungsplätzen. Es kann vorkommen, dass eine ranghohe Katze eine rangniedere in ihrem Heimbezirk ohne Tätlichkeiten besucht. Im allgemeinen werden die Reviere jedoch respektiert.

Treffen sich zwei Katzen am Schnittpunkt ihrer Wege, hat die dominierende Katze den Vortritt. Konflikte werden dadurch vermieden, dass sich beide Katzen niedersetzen und warten, bis die rangniedere den Rückzug antritt oder die dominierende bzw. zuerst angekommene die Initiative ergreift. Katzen regeln also den Verkehr auf ihren Wechselpfaden durch visuellen Kontakt. Stoßen zwei Tiere überraschend nah aufeinander, kommt es zu Geschrei und Gekreisch, zum Kampf und zur Verfolgungsjagd, und es kann sich bei den einzelnen als Folge davon eine Rangordnung einstellen. Wobei Weibchen anscheinend intoleranter untereinander sind als Kater.

Wenn die Besitzerin eines Katers umzieht, kann sie immer damit rechnen, dass ihr Tier in den ersten Wochen mit blutigen Kampfspuren nach Hause kommt. Ein neu hinzugekommener Kater muss sich den Weg in die »Gruppe« buchstäblich erst freikämpfen. Manchmal fordern ihn die Kater der Nachbarschaft sogar auf, aus seinem Revier herauszukommen und sich zum Kampf zu stellen (und so Zugang zur »Bruderschaft« zu erlangen!).

Auch deshalb kann es sinnvoll sein, einen Kater kastrieren zu lassen. Die männlichen Hormone treiben ihn an, hinauszugehen und zu kämpfen, so dass oft ernstliche Verletzungen die Folge sind. Außerdem ist es nicht gerade erfreulich, wenn Kater im Haus spritzen, weil Rivalen ihr Revier betreten haben.

Die Katzenversammlung

Eine benachbarte »Gemeinschaft« von freilebenden Katzen besitzt zwar eine Rangordnung, aber sie entwickelt sich nicht zu der starren sozialen Hierarchie oder »Hackordnung«, die wir zum Beispiel von Hühnern und Hunden kennen.

Aus dem Verhalten der Katzen können wir schließen, dass sie ungesellige Einzelgängerinnen sind. Doch verlässt deine Katze abends ihr Haus – sofern sie hinauskommt –, wandert sie durch die Straßen und trifft sich mit anderen Katzen im Park oder auf einem Friedhof.

Diese nächtlichen »Katzenversammlungen« haben nichts mit der Paarungszeit zu tun. Sie dienen ausschließlich der Geselligkeit – vorausgesetzt, das gesellige Beisammensein findet auf neutralem Gebiet statt, wo eine Art »Burgfriede« erklärt und eingehalten wird.

Es sind alles Katzen und Kater aus der Umgebung, die zu einem solchen Treffpunkt kommen, der in der Nähe ihrer Reviere gelegen ist, und ziemlich nahe beieinander sitzen. Sie hocken da, zwei bis fünf Meter voneinander getrennt. Eine sitzt auf einem Baumstamm, eine andere auf einer Parkbank, zwei rücken ein bisschen näher zusammen, gehen auf Fellfühlung. Plötzlich faucht eine, weil sie es nicht gern hat, wenn ihr die andere zu dicht auf den Pelz rückt. Doch Missstimmungen kommen selten vor – ein Knurren, ein zurückgelegtes Ohr –, im allgemeinen sind diese Versammlungen friedlich. Sie bleiben für eine Weile freundlich beisammen – dieselben Katzen, die sich zu anderer Zeit und an anderem Ort jagen und bekämpfen würden. Man sieht sich an, gemaunzt wird nicht viel. Manchmal lecken und putzen sie sich sogar gegenseitig.

Aber was treibt die erwachsenen Katzen zum Katzentreff? So etwas wie Brautschau findet dort nicht statt, man trifft sich auch und vor allem außerhalb der Paarungszeit. Und dies, obwohl doch Katzen andere Artgenossen gar nicht mögen, obwohl sie sich sonst doch lieber aus dem Weg gehen. Doch vielleicht kommt auch bei ihnen das Gefühl auf: Ich muss mal wieder unter Katzen sein. Dann würden sich Katzen nicht anders als Menschen benehmen, die nach getaner Arbeit gern mal einen Bummel machen, in ihr Lieblingscafé gehen, wo gar nichts Besonderes passiert und alle nur herumhocken. Aber sie genießen es offenbar, unter sich zu sein.

Gegen Mitternacht löst sich die Gesellschaft ruhig auf, und alle machen sich dann auf den Heimweg zu ihrem Schlafplatz. Manche müssen dabei kilometerlange Strecken zurücklegen. Das sind die Tiere, die aus katzenarmen Gegenden stammen. Denn der Treffpunkt wird immer dorthin gelegt, wo ohnehin viele Katzen wohnen. Kein Wunder also, dass ganz junge Katzen nicht an den Versammlungen teilnehmen.

Visitenkarten

Katzen beiderlei Geschlechts, besonders aber Kater, spritzen ihren Urin gegen auffallende Gegenstände – Büsche, Pfosten oder Steine. Handelt es sich dabei um Reviermarken, die andere Katzen abhalten sollen, ist nicht einzusehen, warum eine andere Katze sich solch eine Duftmarke sorgfältig und in aller Gemütsruhe untersucht und dann allem Anschein nach völlig unbeeindruckt weitergeht. Doch möglicherweise kommt dem Markierverhalten gar keine Einschüchterungsfunktion, sondern eher eine soziale Funktion zu: Die Katze hinterlässt ihre

Visitenkarte. Es mag auch dazu dienen, Rivalen zeitlich auf Abstand zu halten, damit sie nicht plötzlich aufeinandertreffen, und sie darüber zu informieren, wer gerade vor wie langer Zeit hier vorübergegangen ist.

Das Markierverhalten – die Katze schwenkt ihr Hinterteil an den jeweiligen Gegenstand heran, zielt, zittert mit dem hoch erhobenen Schwanz und spritzt – entwickelt sich in der Pubertät. Die Anwesenheit von rolligen Kätzinnen regt Kater zu vermehrtem Spritzen an, was sich durch frühzeitige Kastration oft vermeiden lässt. Das charakteristische Zittern des Schwanzes kann jedoch auch nach der Kastration beibehalten werden.

Beriecht eine Katze die Duftmarke einer anderen, öffnet sie meist das Maul und schließt die Augen. Das ist das bereits erwähnte Flehmen, das die Geruchsstoffe an das Jacobsonsche Organ heranträgt. Wir alle haben schon gesehen, wie eine Katze mit dem Kopf an einem Stuhl oder an unserem Bein entlangreibt: Auch hier wird »markiert«; die Duftabgabe aus den Drüsen geht einher mit freundschaftlichem Köpfchengeben. Katzen, die sich kennen, markieren einander mit ihrem Duft – auch dich markiert die Katze auf diese Art!

Oft ärgern wir uns über das sogenannte »Schärfen der Krallen« (zum Beispiel an Möbelstücken), aber bei einer Hauskatze wird es eher ein übertriebenes oder »Leerlauf«-Element des Reviermarkierens sein als ein eigentliches Krallenschärfen, denn viele wilde Katzenarten zeigen dieses Verhalten nach dem Spritzen.

Die Körpersprache der Katzen

Für bestimmte Situationen und Begegnungen hat die Katze ein ganzes Repertoire verschiedener Varianten der Körperhaltung und des Gesichtsausdrucks zur Verfügung, die bestimmte Stimmungen und Absichten erkennen lassen. Eine Gebärde oder Körperhaltung, die ein Gefühl oder mehrere Gefühle ausdrückt, besteht aus vielen verschiedenen Einheiten oder Handlungen, die wir richtig deuten müssen, um sie verstehen zu können. Schwanz und Ohren in einer bestimmten Haltung oder Bewegung, Körperwinkel, Kauern und Vorlehnen, Katzenbuckel – all das sind unterschiedliche körpersprachliche Signale, an deren Intensität wir den Grad der Erregung wie an einer Skala ablesen können.

Eine Katze kann zum Beispiel drohend fauchen, schließlich – wenn sie weiter bedrängt wird

– knurren und mit der Pfote zuschlagen. Daraus, dass die Drohgebärde intensiver wird (Knurren), ist eine größere Bereitschaft und damit die Wahrscheinlichkeit eines Angriffs abzulesen.

Gebärden der Furcht (zum Beispiel Erweiterung der Pupille) und der Drohung (zum Beispiel Knurren) kommen nicht nur einzeln vor, sondern – wenn die Katze Angst hat oder angriffslustig ist – auch gleichzeitig. Sind diese Gebärden kombiniert oder überlagert, kannst du daraus schließen, dass die Gefühle der Katze ambivalent oder zwiespältig sind; Furcht und Aggression signalisieren Abwehrdrohung. Mit dieser Fähigkeit, die Intensität der Signale nacheinander zu verändern oder sie zu kombinieren, steht der Katze also ein reichhaltiges und vielseitiges Repertoire zur Verfügung, sich mitzuteilen.

Körpersignale

Wir können dabei drei Grundkategorien unterscheiden: Angriffsdrohung, Abwehrdrohung und ein passives Kauern (aus dieser Kauerstellung heraus kann sich die Katze auf den Rücken rollen und mit den Krallen verteidigen). Die *Angriffsdrohung* besteht einfach aus einem direkten Anstarren, wobei der Körper »gespannt« ist, bereit zum Sprung oder Tatzenhieb. Bei der *Abwehrdrohung* wird die Wirkung des »Katzenbuckels« dadurch verstärkt, dass sich das Tier seinem Gegner seitwärts darbietet. Es gibt aber auch Kombinationen von beiden, Mischhaltungen oder Kompromissbewegungen, wenn zum Beispiel der vordere Körperteil mehr auf Abwehr eingestellt ist als der hintere. Die Katze geht dann im Krebsgang, Hinterteil voraus. Daraus können wir schließen, dass das Hinterteil der Katze buchstäblich weniger Angst hat als das Vorderteil!

Die passive Kauerstellung darf als Demutsgeste der Katze interpretiert werden: Die Katze kann damit einen Angriff »hemmen« oder einen Angreifer friedlich stimmen. Wälzt sie sich jedoch auf die Seite, darf das nicht als Demutsgeste interpretiert werden, sondern gehört (im Fall einer Kätzin) zur Werbung, zur Aufforderung oder Einladung zum Spiel.

Auch zur Begrüßung hat die Katze ein paar Verhaltensmuster zur Verfügung: Sie zeigt einen steil aufgerichteten Schwanz wie ein Kätzchen, das sich der Mutter nähert oder ihr folgt. Ruft man eine erwachsene Katze (und lässt sie sich dazu herab, dem Ruf zu folgen), kommt sie mit hocherhobenem Schwanz angelaufen. Auch das Wälzen auf dem Rücken kann ein Begrüßungsritual sein.

Imponieren oder drohen

Begegnen sich zwei Katzen, beschnuppern sie sich gegenseitig und führen damit eine Art soziale Untersuchung aus. Dabei werden besonders solche Körperregionen untersucht, an denen sich Duftdrüsen befinden. Eine Katze ergreift die Initiative und beschnuppert Schwanz, Schläfen oder Maul; die Nasen können sich berühren, bei freundschaftlichen Begegnungen reiben die Katzen auch die Köpfe aneinander.

Dicke Backen geben dem Gesicht des Katers ein volleres Aussehen, was das Imponiergehabe wirkungsvoll verstärkt. Je größer so ein Katergesicht aussieht, um so einschüchternder wirkt es auf seine Rivalen. Die Katze, die dem Gegner die Breitseite zuwendet, einen Buckel macht, die Rückenhaare und den Schwanz aufstellt, versucht, ihn auf diese Weise einzuschüchtern: Sie erscheint nun viel größer, als sie wirklich ist.

Mit ihrem Schwanz kann die Katze differenzierte Stimmungen ausdrücken. Auch mit dem Gesichtsausdruck gelingt ihr dies: Zusammenziehen der Pupillen, Flehmen, passives, demütiges Wegschauen mit halbgeschlossenen Augen und angelegten Ohren, das »Genießergesicht« mit halbgeschlossenen Augen, das »Spielgesicht« mit weit offenen Augen und gespitzten Ohren. Mit ihrem direkten Blick reguliert sie soziale Distanz. Geht eine Katze an einer anderen vorbei und verfolgt diese sie, hält die Verfolgerin sofort auf etwa einen Meter Abstand an, sobald die andere Katze anhält und sie ansieht. Kauert eine Katze sich zusammen, ohne ihr Gegenüber anzusehen und ohne sich umzuwenden, ist dies eine Demutsgeste; kommt sie von einer rolligen Kätzin, kann sie auch eine Einladung an den Kater bedeuten.

Vielsagende Töne

Katzen geben sehr unterschiedliche Laute von sich; insgesamt lassen sich sechzehn verschiedene Lautmuster unterscheiden und in drei Gruppen zusammenfassen: *Plauderlaute* in freundlicher, entspannter Stimmung (zum Beispiel wiederholtes, rhythmisches Schnurren beim Streicheln oder ein einzelner Schnurrlaut als Kontaktlaut); *Ruftöne*, artikuliertere Laute im Zusammenhang mit der Aufforderung zur Pflege und mit Zielfrustration (zum Beispiel das Miauen nach Futter); *Erregungslaute* beim Angriff, bei der Verteidigung und bei der Paarung (zum Beispiel Fauchen und Knurren bis Kreischen). Das Miauen eines verzweifelten Kätzchens mag bei jedem Tier eines Wurfes anders klingen. Kater benutzen einen bestimmten Lockruf, um männliche Jungtiere zum Kampf aus dem Haus zu locken. Bei der Werbung stößt die Kätzin oft einen scharfen Schnurrlaut aus – ein Zeichen dafür, dass sie jetzt zur Paarung bereit ist, und auf den der Kater entsprechend reagiert. Greift er auf die Katze ohne dieses Signal über, muss er mit einer Abfuhr rechnen.

Das Schnurren

Wenn eine Katze schnurrt, fühlt sie sich wohl. Schon als Kätzchen hat sie Schnurren mit Trinken assoziiert; es ist beim Ein- und Ausatmen zu hören und bricht für Augenblicke zwischen den Schlucken ab. Vielleicht ist es ein wichtiges Zeichen für die Mutter, das die Milchproduktion anregt.

Wenn eine Katze erwachsen wird, wandelt sich das Schnurren zu einem Zeichen der freundlichen Annäherung.

Im Gegensatz zu Hunden und Wölfen haben erwachsene Katzen wenige kindliche Signale in ihrem Repertoire, um sich gegenseitig ihre freundlichen Absichten kundzutun; sie fallen oft vollständig in kindliches Verhalten zurück und schnurren nicht nur, sondern bilden auch Speichel, machen saugende Bewegungen mit dem Maul und kneten bzw. treteln abwechselnd mit den Vorderpfoten, wie einst beim Saugen an der Mutter.

Stimme

- Melodiös-zärtlicher Ruf: *Bitte, bitte!*
- Gequetschter Ton: *Ich habe keine Lust!*
- Klagendes Maunzen: *Mir ist nicht gut.*
- Gurren: *Ich bin zärtlich gestimmt.*
- Schnurren: *Ach, ist das schön!*
- Fauchen: *Hau ab!*

Gesichtsausdruck

- Augen rund und weit geöffnet, Ohren aufgerichtet: *Ich bin dir ganz freundlich gesonnen.*
- Augen länglich-schräg, Ohren angelegt: *Ich bin misstrauisch.*
- Eng angelegte Ohren, entblößte Zähne, vielleicht noch Fauchen: *Achtung, ich gehe zum Angriff über!*

Körpersprache

- Schwanz hochaufgerichtet: *Gute Laune.*
- Schlagen mit dem Schwanz, der immer mehr in die Waagrechte geht: *Alarm! Ich bin nicht entspannt, sondern gespannt.*
- Schräger Katzenbuckel: *Abwehrende Haltung, die zur Drohhaltung werden kann.*
- Sitzen auf dem Hinterteil, Vorderpfötchen eng zusammen, Schwanz ringelt sich um sie herum: *Glänzende Stimmung.*
- Dichtes Herumstreichen um deine Füße mit erhobenem Schwanz: *Eine Liebesbezeugung, wie sie schöner gar nicht sein kann.*

Schwierige Situationen

Wie drücken Katzen mit ihrem immerhin begrenzten Vokabular Verlegenheit aus? Ein Hauptanzeichen für Verlegenheit ist, wenn sich eine Katze plötzlich ganz kurz putzt. Das kommt besonders dann vor, wenn sie für etwas gescholten wurde oder wenn ein Befehl ihrer Besitzerin oder das Fauchen einer höhergestellten Katze sie an irgendetwas hindert, das sie gern getan hätte.

Ein verlegener Mensch kratzt sich oder fingert an seiner Kleidung herum, um seine Spannung abzureagieren. Eine Katze putzt sich. Geschieht dies kurz vor einem Gewitter, ist das möglicherweise ein Zeichen von Nervosität und Furcht. Man nennt das eine Übersprungshandlung. Sind Türen und Fenster geschlossen und eine Katze kann nicht hinaus, wie sie möchte, macht sie als Übersprungshandlung manchmal wischende Bewegungen mit den Pfoten.

Langeweile

Aus Langeweile kann sich eine Katze zuviel putzen, so dass sogar das Fell ausgeht. Hat sie zuwenig Anregung oder ist sie trostbedürftig, saugt sie unter Umständen an sich selbst, und zwar mit Vorliebe an den Flanken, am Schwanz, einer Zitze oder einer Pfote.

Abwesenheit

Wenn du in die Ferien fährst, ist es oft einfacher, die Katze zu Hause zu lassen, als sie mitzunehmen. (Es kann sowieso sehr leicht passieren, dass sie auf der Reise verlorengeht.) Am besten, eine zuverlässige Nachbarin kümmert sich jeden Tag um die Katze. Normalerweise beunruhigt ein Wechsel der Umgebung eine Katze mehr als die Abwesenheit der Besitzerin. Beim Hund ist eher das Gegenteil der Fall. Deshalb kann es für die Katze einen emotionellen Stress bedeuten, wenn du sie während deiner Abwesenheit woanders in Pflege gibst oder sie einem Tierheim anvertraust. Sie kann sogar anfällig für ansteckende Krankheiten werden, solange sie dort ist.

Eine allein gelassene Katze reagiert mit Unverständnis auf die neue Situation. Sie weiß schließlich nicht, dass und wann du zurückkommst. Sie wird sich langweilen, wenn nicht wenigstens zwei Mal am Tag »Besuch« kommt, der sie versorgt und etwas Zeit mit ihr verbringt.

Umzug

Katzen reagieren zwar auf personelle Änderungen im Haus weniger allergisch als Hunde, dafür um so mehr auf Änderungen der Umgebung. Katzen hängen sowohl an einem bestimmten Heim als auch an den darin wohnenden Menschen, während für den Hund das räumliche Umfeld nicht so wichtig ist. Ein Umzug kann daher für die Katze zu einem starken seelischen Schock werden. Sie kann einfach verschwinden (wahrscheinlich versucht sie dann, den Weg zurück zu finden, was ihr manchmal auch gelingt). Lass die Katze vier oder fünf Tage nicht aus dem Haus und beschäftige dich besonders intensiv mit ihr. Nach einem Umzug können auch andere Symptome auftreten: Depressionen, Appetitlosigkeit, abweisendes Verhalten mit Wutanfällen. Manchmal sind die Katzen plötzlich nicht mehr stubenrein oder putzen sich nicht mehr.

Schock

Das Nervensystem der Katze ist äußerst empfindlich und reagiert auf plötzliche und unerwartete Reize oft übertrieben. Bei einer Katze, die einen schweren Kampf bestanden hat oder einem Auto knapp entronnen ist, kann es zu einer Schockreaktion mit Symptomen wie Niedergeschlagenheit, Keuchen, Lust- und Appetitlosigkeit und Pulsjagen kommen. Die Katze kann sich verstecken, eine Zeit lang einen scheuen Eindruck machen, zittern, überempfindlich auf Berührung reagieren und geweitete Pupillen haben. Wenn du sie in Ruhe lässt, erholt sie sich meist ganz von selbst. Manchmal entwickelt sie jedoch nach einer solchen Reaktion eine Phobie; dann bleibt sie in ihrem Versteck und wagt sich nicht aus dem Haus. In diesem Fall braucht die Katze viel Liebe und Aufmerksamkeit.

Woran erkenne ich, dass meine Katze krank ist?

Mit Berichten und Informationen zum Katzennachwuchs und zu sämtlichen Katzenkrankheiten von A bis Z kann man ganze Bücherregale füllen. Es ist hier weder der Platz noch ist es der Sinn dieses Büchleins, dazu erschöpfende Auskünfte zu geben.

Wichtig ist: Du solltest argwöhnisch werden, wenn sich deine Katze länger als einige Tage anders als üblich benimmt. Fühlt sie sich krank, muss sie sich nicht unbedingt verkriechen. Sie kann mehr Wasser als sonst trinken. Sie kann öfter als üblich deine Nähe suchen. Und ihre wehklagenden Laute deuten klar darauf, dass mit ihr etwas nicht stimmt. Ihr Miau klingt dann anhaltend kläglich. Sie kann dich allerdings auch meiden, sich irgendwo in Sicherheit bringen. Wenn du dann zu ihr herankriechst – vielleicht liegt sie unter einem Schrank – und du hörst dieses klagende Miau, dann muss es bei dir Alarm klingeln.

Auch wenn sie nicht mehr frisst, ihr Fell trotz Pflege stumpf wird und ihre Augen trübe sind

– dann steht's um ihre Gesundheit nicht zum besten, und du solltest sicherheitshalber mit ihr zum Tierarzt. Aber nicht gleich losrennen mit der Katze im Körbchen, wenn sie mal Durchfall hat. So etwas kommt in den besten Katzenfamilien vor. Nur wenn der Durchfall über zwei oder drei Tage anhält oder sie verstopft ist und ihr Kistchen umsonst aufsucht, ist ein Besuch beim Tierarzt angeraten.

Auch folgende Symptome müssen fachärztlich diagnostiziert und behandelt werden:

- Tränen der Augen
- Erbrechen (mehr als üblich oder mehrmals am Tag)
- Verweigerung der Nahrung (länger als zwei Tage)
- Hautausschlag
- Dauerndes Rutschen auf dem Hinterteil und Lecken des Hinterteils: Würmer (beim Säubern der Katzentoilette sichtbar)
- Niesen und Husten
- Juckreiz (ohne dass Flöhe die Ursache sind – bei Flöhen ein entsprechendes Halsband kaufen)

Noch eines solltest du dir merken: Katzen halten viel aus – wenn es sich um Verletzungen handelt. Sie sind jedoch sehr empfindlich bei Infektionskrankheiten oder Vergiftungen.

Fehldeutungen und Missverständnisse

Bei kaum einem anderen Tier gibt es auf der Seite des Menschen so viele Missverständnisse und Fehldeutungen. Oft erleben wir es, dass wir die Katzen beim besten Willen nicht verstehen. Doch ebenso oft sind sie gar nicht so, wie viele Menschen behaupten.

Die falsche Katze

Nehmen wir nur die Sache mit der Falschheit. Da sieht jemand eine niedliche Katze am Wegrand. »Ist sie nicht süß!« sagt er, will sie streicheln und geht deshalb mit vorgestreckten Armen auf sie zu. Was tut sie? Sie faucht. Was sagt der Mensch daraufhin? »So eine falsche Katze!«

Das ist natürlich Unsinn. Die Katze hat nur gefaucht, weil sie keine Lust zum Schmusen oder

Angst vor dem Unbekannten hatte. Ihr Fauchen bedeutet: »Lass mich in Ruhe!« Es ist eine Art Vorwarnung, aber noch kein Angriff.

Die heimtückische Katze

Die überraschenden Angriffe der leicht erregbaren Katze haben ihr den Ruf eingebracht, heimtückisch zu sein (vor allem deswegen löst sie bei vielen Menschen Aversionen aus). Es gibt bei ihr kuriose Szenen des Zögerns, des Tastens, beginnender und unterdrückter Wutausbrüche, denen Reue folgt. Es gibt Rückzüge und schüchterne Forderungen nach Unabhängigkeit, die vor allem von Kindern selten verstanden werden.

Und doch ist es nicht Heimtücke und Arglist, eher ihre große Nervosität, ihre Eigenart, sich zu elektrisieren, sich wie eine Batterie aufzuladen, dass sie so plötzlich ihre Krallen zeigt. Man wirft der Katze vor, heimtückisch zu sein, aber wenn man sie beobachtet, sieht man, wie sie sich bemüht, sich zu beherrschen. Schaut man ihr in die Augen und achtet auf die Bewegungen der

Ohren, kann man eine ganz beredte Vorwarnung erkennen. Die Katze ist ein allzu nervöses Wesen, das wir viel zu sehr reizen; wir brauchen uns dann nicht über ihr, häufig ungewolltes, Kratzen zu wundern.

Die saubere Katze

Ähnliche Fehldeutungen gibt es hinsichtlich der Sauberkeit und Reinlichkeit der Katze. Der abfällig gemeinte Satz »Du hast wohl nur schnell Katzenwäsche gemacht!« stimmt überhaupt nicht. Denn Katzen sehen nicht nur unglaublich sauber aus und riechen stets gut – sie widmen ihrem Fell sehr viel Aufmerksamkeit und Zeit. Wenn sie nicht spielen, dösen, schlafen oder jagen, lecken sie sich das Fell sauber. Dieses Lecken ist gleichbedeutend mit Waschen. Kaum sind sie damit fertig, beginnen sie noch einmal von vorn.

Falsch wäre es jedoch zu meinen, Katzen seien Reinlichkeitsfanatiker. Das ist zu menschlich gedacht. Eine Katze putzt sich nämlich nicht so ausgiebig, um schön sauber auszusehen und eine gute Figur zu machen, sondern vielmehr, um erfolgreicher jagen zu können. Das klingt seltsam, stimmt aber: Selbst das lautloseste Schleichen würde ihr keinen Jagderfolg garantieren, wenn ihr Beutetier sie witterte. Also muss sie möglichst jeden Eigengeruch vermeiden. Sie will *überhaupt nicht* duften. Übrigens auch nicht nach dir! Deshalb leckt sie sich jedesmal, nachdem du sie ausgiebig gestreichelt hast. Sie tut es auch, wenn sie keine Gelegenheit hat, auf Jagd zu gehen. Der ererbte Trieb ist stärker.

Und dass sie so sauber ist und ihre Katzentoilette benutzt, geschieht aus ähnlichen Gründen: Sie muss ihr Häufchen verscharren, damit keiner merkt, dass eine Katze in der Nähe ist. Sie darf sich nicht verraten.

Kehren wir zur Katzenwäsche zurück. Lecken ist gleichzeitig massieren – und gesund. Es hat allerdings – wie erwähnt – den Nachteil, dass eine Menge Katzenhaare in den Katzenmagen kommen. Mit denen wird er nicht fertig. Sie müssen hinaus, und zwar auf demselben Weg, wie sie hineingekommen sind. Anders geht's nicht. Deshalb fressen Katzen Gras. Die Halme umhüllen die Haare, und die Katze kann so die Haarbällchen wieder hinauswürgen. Es ist also keine Laune von ihr, Gras zu fressen. Und es bedeutet auch nicht, dass schlechtes Wetter kommt, wie oft behauptet wird. Die Katze braucht das Gras dringend, und man sollte es ihr keinesfalls verbieten.

Leben mit einer Katze

Die Katze ist *natürlich* – das ist der Grund, warum sie uns oft so fremd erscheint. Sie spielt in der Welt ihr natürliches Spiel: Wenn sie Hunger hat, sagt sie es; will sie schlafen, legt sie sich hin und rollt sich zusammen; wenn sie hinaus will, meldet sie sich. Das imponiert uns, weil wir solche kreatürlichen Ausdrucksformen unseres Willens und unserer Wünsche verlernt oder hinter Konventionen versteckt haben.

Zeichen der Sympathie

Der Mensch hat die Gemeinschaft mit der Katze gewollt. Die Katze hat sie nicht gesucht. Wir wissen, dass sie eine Individualistin ist, eine Nonkonformistin, die Sympathie nur dann zeigt, wenn ihr danach zumute ist. Eine Katze wird Zuneigung kaum dazu benützen, andere zu »manipulieren«, wie es Hunde und Menschen ohne Zweifel tun. Wer mit einer Katze zusammenlebt, muss gerade diese Eigenschaften an ihr schätzen, sonst wird er nicht vertraut mit ihr.

Die Katze hat in der Regel gar keine andere Wahl, als den Menschen, der für sie sorgt, zu mögen. Wir sind jedoch geneigt, ihre Sympathiebekundungen exklusiv auf uns zu beziehen. Doch stimmt das? Für Essen und Trinken sorgen wir Menschen. Einen Platz zum Spielen gibt es im kleinsten Zimmer. Will die Katze schmusen, ist der Mensch gern bereit, sie zu streicheln. Eine Katze kann ja eine Katzenfreundin förmlich in den siebten Himmel schnurren (sagst du nicht auch, wenn du eine Katze streichelst und sie schnurrt, voller Stolz: »Ah, sie mag mich!«).

Doch so angenehm wir es empfinden, dass eine Katze auf uns bezogen ist und uns ihre Sympathie zeigt – es ist keine exklusive Liebesbeziehung. Ich selbst habe es erlebt, dass ich meinen Kater Romeo, der jede Nacht in meinem Bett verbrachte, der von mir abends versorgt und gehegt wurde und der an meiner Sympathie für ihn nicht den geringsten Zweifel haben konnte, eines Tages von draußen auf dem Fensterbrett einer

Parterrewohnung des Nachbarhauses entdeckte. Ich konnte kaum glauben, dass er da so friedlich auf einer Decke lag und schlief, direkt hinter der Fensterscheibe. Erst war ich mir nicht sicher, ob er es überhaupt war, also klingelte ich neugierig bei der Wohnung. Eine junge Frau kam heraus und erzählte mir, dass Fritz jeden Tag zu ihr kam, von ihr versorgt wurde und sich stundenlang bei ihr aufhielt, bevor er dann abends hinaus wollte. Dann kam er zu mir! Bei mir hieß er Romeo, bei meiner Nachbarin Fritz! Er hatte überhaupt keine Probleme damit, sondern schien diese doppelte Aufmerksamkeit nur zu genießen. Ich war ziemlich enttäuscht, muss ich zugeben. Und meine Nachbarin auch. Allerdings freundete ich mich dann mit ihr an …

Frauen und Katzen

Für eine Frau kann die Gesellschaft einer Katze sehr befriedigend sein, weil sie ihre Bedürfnisse stark mit der Freiheit und Unabhängigkeit identifizieren kann, die ihre Hausgenossin ausstrahlt. Die Katze kann die Verbindung mit der

Natur herstellen, zu der Welt, von der uns die hochtechnisierte Stadtkultur sonst trennt.

Es ist bemerkenswert, dass die Zimmer, die man nicht oft benutzt, von der Katze gemieden werden. Allzu aufgeräumte, ja sterile Räume, die eine gewisse Kälte und Unpersönlichkeit ausstrahlen, gefallen ihr nicht. Sie will die vertrauten Dinge um sich haben, denen der Geruch ihrer Besitzerin anhaftet. Sie scheint eine weibliche Atmosphäre des Friedens und der Ruhe, in der sie die geliebten Stimmen hören kann, zu brauchen und zu genießen. Ja, es scheint, als wolle sie die Arbeiten im Haushalt und die Vorbereitungen zu den Mahlzeiten überwachen. Sie möchte sich jederzeit an Beinen reiben können und einen Schoß finden, der bereit ist, sie zu wiegen.

Schreibe deiner Katze keine übersinnlichen Kräfte zu, weil sie zu wissen scheint, wenn du traurig bist, wenn du zum Einkaufen gehst oder übers Wochenende verreist. Das ist eine Fehldeutung, verständlich zwar, aber falsch. Die Katze beobachtet dein Verhalten sehr genau und kennt deine Gewohnheiten bis aufs i-Tüpfelchen. Jede Änderung in deinem Verhalten oder deinen Gewohnheiten fällt ihr auf. Natürlich zeigen viele Katzen überhaupt keine Reaktion, aber manche, vielleicht die abhängigeren, anhänglicheren oder besonders demonstrativen, folgen dir dann auf Schritt und Tritt, kommen immer wieder auf deinen Schoß.

Grundbedürfnisse

Im Verlauf des Anpassungsprozesses, dem eine Katze im Zusammenleben mit uns ausgesetzt ist, wird sie in besonderem Maße darunter leiden, wenn Grundbedürfnisse unterdrückt oder frustriert werden (siehe auch »Die Grundrechte der Katze«). Dem Menschen steht immer eine gewisse Wahl frei, inwieweit er zur Selbstbestimmung, zur Lenkung durch andere oder zu Kompromissen bereit ist. Der Katze bleibt kaum eine Wahl. Sie wird aggressiv, wenn wichtige Grundbedürfnisse blockiert sind oder unerfüllt bleiben.

Wenn wir erreichen wollen, dass Katzen einigermaßen in Harmonie mit uns leben – wie können wir ihr bei der Anpassung an einige der Vorschriften, die wir ihnen machen müssen, helfen?

Im allgemeinen können wir nicht erwarten, dass sich Tiere gegen ihre Natur verhalten und nicht ihren natürlichen Instinkten folgen. Sie vermögen ihre Wünsche nicht zu sublimieren wie der Mensch, sie wohl aber auf Ersatzobjekte lenken. Es kann sein, dass sich eine Katze damit zufriedengibt, einem flauschigen Spielzeug als Beute nachzujagen. Aber wir können nicht erwarten, dass ein Tier Verantwortungsgefühl zeigt und damit eine Wertvorstellung des Menschen übernimmt. Katzen zeigen so gut wie nie Schuldbewusstsein, allenfalls flüchtig eine Art ängstlicher Demut, wenn sie gerade etwas angestellt haben, aber sie vergessen es bald und machen vielleicht gleich darauf dasselbe noch einmal. Katzen lassen sich eben so gut wie gar nicht programmieren – zum Glück, möchte ich sagen. Am besten ist es, ein Kätzchen ganz ohne besondere Erwartungen großzuziehen. Einfach auszuprobieren, was für

Mensch und Tier wohl das Sinnvollste ist. Vielleicht ist das für jede Art von Beziehung überhaupt die beste Grundlage.

Zehn Dinge, die eine Katze braucht, um sich wohlzufühlen

1. Einen geschützten Fressplatz mit einem Wasser- und einem Futternapf, möglichst mit einer Unterlage für diese Näpfe. Viele Katzen essen meist nicht direkt aus dem Napf, sondern nehmen sich das Fressen gern raus und verspeisen es neben dem Napf. Halte ihren Futterplatz und ihren Napf sauber. Sie mag das.

2. Eine Katzentoilette, am besten aus Plastik, mit Katzenstreu. Immer dafür sorgen, dass das Kistchen sauber ist und nicht riecht, sonst benutzt die Katze es nicht.

3. Wärme und Behaglichkeit. Katzen brauchen trockene Wärme, lieben Rückendeckung, ge-

schützte Ecken, vertragen keinen Zug, mögen einen Platz, der gepolstert ist. Du kannst ihr einen Katzenkorb hinstellen, solltest aber nicht enttäuscht sein, wenn die Katze ihn nicht gleich annimmt.

4. Eine besondere Art, Liebe zu zeigen. Akzeptiere, dass sie deine Freundin ist, aber nie deine Sklavin. Fühle dich geehrt, wenn sie es dir erlaubt, sie zu lieben. Nimm ihr ihre Launen nicht übel, auch wenn sie dich nerven. Wenn sie zeigt, dass sie dich mag, halte es für ein großes Glück.

5. Eine Zuwendung, die nur ihr gilt. Wenn sie Aufmerksamkeit haben will, schenke deiner Katze Aufmerksamkeit. Sie liebt es natürlich nicht, abgewiesen oder ignoriert zu werden. Lass sie spüren, dass sie etwas ganz Besonderes ist.

6. Ein Viertelstündchen Zeit nur mit ihr. Verbringe Zeit mir ihr, wenn sie es möchte. Aber sei nicht böse oder ungehalten, wenn sie im Augenblick etwas anderes für wichtiger hält als dich

… zum Beispiel einen Bindfaden. Wenn sie dich anschaut, starre sie nicht an, sondern senke den Blick und beuge dich zu ihr herab.

7. Hedonismus. Sie lehrt dich zu entspannen. Also … entspanne dich. Dieses Gefühl mag sie. Sie mag überhaupt alles, was ihr Genuss verschafft. Du kannst eine gehörige Portion Hedonismus und Eigensinn von ihr lernen.

8. Beachtet werden. Gib ihr einen Namen. Aber ruf sie nicht ständig. Sie kommt sowieso nur selten und sofort. Suche und rufe sie aber, wenn sie sich versteckt. Es macht ihr großes Vergnügen, gesucht zu werden und unauffindbar zu bleiben. Verwende viele Wörter mit »i«. Sie mag hohe Töne.

9. Auf sie bezogen sein. Lass dich auf sie ein. Doch mach nicht ihr Schnurren oder andere ihrer Laute nach. Das irritiert sie. Wenn sie ihre Augen zukneift, kneife auch deine Augen zu. Dann seid ihr Komplizen. Legt sie sich auf den

Rücken, kann das eine Aufforderung sein, ihren Bauch zu kraulen. Doch manche Katzen mögen gerade das nicht.

10. Ein Lieblingsplatz. Sie liebt es, sich eigene Plätzchen zu erobern. Lass ihr ihren Lieblingsplatz, den sie sich ausgewählt hat – ein Kissen, eine Decke oder sogar ein Versteck. Sei nicht erstaunt, wenn sie nach einigen Tagen oder Wochen einen anderen Platz wählt. Verscheuche sie nicht von dem Platz, den sie sich ausgesucht hat.

Die zehn Grundrechte der Katze

1. Sie hat das Recht auf ihr Revier.

In ihrem Revier gehört alles ihr. Lass ihr diese Illusion. Sie braucht ihre Streifzüge, ihre Kontrollgänge durch ihr Zuhause und die nähere Umgebung. Also hindere sie nicht in ihrem Bewegungsdrang. Gönne ihr das Gefühl, die kleine Königin in deinem Reich zu sein.

2. Sie hat das Recht auf Futter.

Stell ihr das Futter regelmäßig hin … nicht zuviel, nicht zuwenig. Finde heraus, was ihr schmeckt, aber verwöhne sie nicht mit Leckerbissen und belohne sie nicht mit Essen.

3. Sie hat das Recht auf Stille und Ruhe.

Versuche, Geräusche, Lärm und Musik auf ein Minimum zu reduzieren. Sie fühlt sich wohl, wenn es still ist. Sie fühlt sich unwohl, wenn sie einem hohen Geräuschpegel ausgesetzt ist. Sie schläft, wo sie will und wann sie will. Also lass sie schlafen und sei leise.

4. Sie hat das Recht auf Zuneigung und Zärtlichkeit.

Lass ihr die kleinen Kapriolen, die sie so liebt. Mach sie nicht lächerlich, wenn sie um deine Aufmerksamkeit und Zärtlichkeit bittet.

5. Sie hat das Recht auf Kommunikation.

Wenn du allein mit ihr bist, erzähl ihr was. Sprich mit ihr. Sie liebt es, wenn jemand mit ihr redet. Rede mit ihr wie mit einem Erwachsenen, nicht wie mit einem Kind oder einem Baby. Sie hört den Unterschied genau.

6. Sie hat das Recht auf Sauberkeit.

Mach ihr Kistchen jeden Tag sauber. Beobachte sie nicht, wenn sie drauf geht, sie geniert sich. Achte auf peinliche Sauberkeit und Hygiene.

7. Sie hat das Recht zu jagen.

Sie ist wild und wird es immer bleiben. Wenn sie etwas erjagt hat und dir zu Füßen legt, lobe sie dafür (was auch immer es ist).

8. Sie hat das Recht zu schmusen.

Respektiere ihre Bedürfnisse, auch wenn sie dir gerade nicht in den Kram passen. Wenn sie um deine Beine streicht, lass es geschehen. Streichle sie hinter dem Ohr, unter dem Kinn, auf dem Kopf und im Nacken. Das hat sie besonders gern.

9. Sie hat das Recht zu spielen.

Lass dich auf ihre Spiele ein, aber denke daran: Sie ist kein Spielzeug. Also heb sie nicht mit großem Schwung hoch, wirf sie nicht in die Luft, lass sie nicht fallen, nimm sie nicht auf den Arm und wiege sie dann wie ein Baby. Genießen wird sie das alles nicht. Im Gegenteil: Sie wird immer versuchen, so bald wie möglich aus dieser hilflosen Lage herauszukommen.

10. Sie hat das Recht, ein Geheimnis zu bleiben.

Sie wird nie ein dressiertes Tier sein. Sie wird dich immer aus ihren unergründlichen Augen anblicken. Sie wird dir immer zeigen, wenn sie dich mag und wenn sie in Ruhe gelassen werden will. Sie wird deine Nähe suchen, wenn sie sie braucht. Und sie wird ihre Freiheit nie aufgeben, auch nicht für dich.

Die Autorin

Nina Merian (geboren 1982) hat Anglistik und Germanistik studiert und lebt heute als freie Autorin in der Toskana – unter anderem mit drei Katzen. Sie hat zahlreiche Geschenkbücher veröffentlicht und Anthologien herausgegeben.

ISBN 978-3-85179-054-2

ISBN 978-3-85179-112-9

ISBN 978-3-85179-105-1

ISBN 978-3-85179-081-8

ISBN 978-3-85179-129-7

ISBN 978-3-85179-140-2

ISBN 978-3-85179-143-3

ISBN 978-3-85179-171-6

ISBN 978-3-85179-055-9

ISBN 978-3-85179-141-9

2. Auflage 2011

Illustrationen: Vasiliki Varvaki (iStock)
Covergestaltung: Christina Krutz, Riedstadt
Layout und Satz:
Christine Paxmann text • konzept • grafik, München
Druck und Bindung: Grasl Druck & Neue Medien, Bad Vöslau
Printed in the EU

www.thiele-verlag.com